Bibliografische Information der Deutschen Nationalbibliothek:

Die Deutsche Bibliothek verzeichnet diese Publikation in der Deutschen National-
bibliografie; detaillierte bibliografische Daten sind im Internet über http://dnb.d-
nb.de/ abrufbar.

Impressum:

Copyright © 2015 GRIN Verlag, Open Publishing GmbH
Druck und Bindung: Books on Demand GmbH, Norderstedt Germany
ISBN: 9783668443464

Dieses Buch bei GRIN:

http://www.grin.com/de/e-book/359302/arbeitsmigration-in-die-vereinigten-arabi-
schen-emirate-10-klasse-gymnasium

Johanna Franzmann

Arbeitsmigration in die Vereinigten Arabischen Emirate (10. Klasse, Gymnasium)

GRIN Verlag

Johannes Gutenberg-Universität Mainz
Fachbereich 09 – Chemie, Pharmazie und Geowissenschaften
Geographisches Institut
Seminar: Fachdidaktik III (SoSe 2015)

Unterrichtsentwurf zur Unterrichtsreihe Migration weltweit

Thema der Stunde: Arbeitsmigration in die Vereinigten Arabischen Emiraten

Themenbereich/ Lehrplan: Lernfeld III 3, Migration und Verstädterung

Methodenschwerpunkt: Binnendifferenzierung

Inhaltsverzeichnis

1.   Sachanalyse

Dubai ist die bevölkerungsreichste Stadt in den Vereinigten Arabischen Emiraten (VAE) und steht deshalb oft als Synonym für die gesamte Golfregion oder zumindest für die ganzen VAE. Dubai ist dabei ein international führendes Dienstleistungs-, Bildungs- und Finanzzentrum zu werden, was auch der Grund dafür ist das immer mehr Menschen in diese Region migrieren (THIEME, S. 2009: 188). Die Ausländerquote in den VAE erreichten schon 63% und der Anteil der Ausländer an den Erwerbstätigen sogar 90% (MEYER, G. 2004: 438). Die Menschen kommen nach Dubai um zu arbeiten. Die meisten sind gering bis gut ausgebildete Bauarbeiter oder höher ausgebildete Arbeitskräfte, die in Branchen wie Transport, Dienstleistung oder Sicherheitsdienst arbeiten. Sie kommen aus Südostasien, wie Indien, Pakistan, Bangladesch, Jordanien, den Philippinen oder Nepal. Da die Einreisebedingungen immer komfortabler werden kam es in den letzten Jahren auch zu einer Migration Hochqualifizierter aus westlichen Staaten, wie den USA, Großbritannien oder Deutschland (THIEME, S. 2009: 189).

Zuerst zu den Migranten aus Südasien, die in den gering qualifizierten Beschäftigungsbereichen tätig sind. Sie haben zwei Wege um nach Dubai zu kommen, der erste ist, es über Rekrutierungsagenturen zu versuchen, welche normalerweise für alle Kosten außer der medizinischen Versorgung aufkommen sollen, oder aber durch Freunde als Kontaktpersonen. Leider werden viele Versprechungen von den Agenturen in der Realität nicht eingehalten und es muss eine hohe Gebühr bezahlt werden, welche die Menschen in hohe Verschuldungen stürzen kann. Der Vorteil bei den sozialen Kontakten ist, dass Arbeitsverträge für die Arbeiter nicht schon ohne Zustimmung vorgefertigt werden. Die meisten Arbeiter sind männlich, die Frauen werden oft als Hausangestellte eingesetzt und für sie ist es schwer aus ihren Heimatländern zu entfliehen und sie kommen deshalb auch auf illegalem Wege in die Golfstaaten. Die Arbeitsbedingungen der Arbeiter sind sehr schlecht, sie bekommen bei langen Arbeitszeiten niedrige Löhne und wohnen in sogenannten Arbeitslagern am Rande der Stadt. Proteste gegen diese Bedingungen werden nur bedingt angehört. Die Gründe für die Migration sind ganz klar die Rimessen, welche wieder in die Heimatländer zurückgeschickt werden und wovon die Familien und auch die Herkunftsländer profitieren. Wirtschaftsbereiche, die durch die Migration profitieren können sind ganz klar die Arbeitsvermittlungsagenturen, die Flughafengesellschaften und Transportunternehmen sowie die Banken, weil viele Gelder zurücküberwiesen werden (THIEME, S. 2009: 190ff.).

Der Bauboom in Dubai ist ein Synonym für das Wirtschaftswachstum in den VAE und Grund dafür, dass die VAE der wichtigste arabische Wirtschaftspartner für Deutschland ist. Wachstumsmotoren der Wirtschaft sind vor allem die Öl und Gasvorkommen und neuerdings auch der Tourismus auf den Dubai sehr viel Wert legt, da die Ölreserven irgendwann zur Neige gehen (OPPEL, K. 2008). Zurzeit sind 900 deutsche Firmen in den VAE angesiedelt, die Deutsche Zentrale für Tourismus befindet sich in Dubai und 12.000 deutsche Angehörige leben in den VAE, wovon der größte Teil auch in Dubai lebt (AUSWÄRTIGES AMT 2015). Zu beachten ist dabei, dass ein erfolgreiches Zusammenarbeiten mit den arabischen Geschäftspartner nicht nur von den Wirtschaftsdaten abhängt, sondern, dass dabei die Kenntnis der Geschäftskultur und kulturellen Rahmenbedingungen im Land eine genauso wichtige Rolle spielt. So ist beispielsweise das Ehrgefühl sehr ausgeprägt und darf keinesfalls durch eine falsche Anrede oder direkte Worte verletzt werden. Zudem ist die Beziehung in Geschäftsbeziehung wichtig, dies bedeutet, dass der Geschäftspartner wissen möchte mit wem er es zu tun hat und bei der Entdeckung von Gemeinsamkeiten auch Sympathie empfindet. Zudem muss bei Geschäftsbeziehungen in die VAE immer ein Mehrheitspartner, sogenannter Sponsor eingeschaltet werden (OPPEL, K. 2008).

2.   Verlaufsplan

Vereinigte Arabische Emirate – Ein Traumziel? Wer kommt in die VAE?

<u>Lohnende Fragestellung:</u> Welche Auswirkungen hat die Migration in die VAE?

<u>Befähigungsziel:</u> Die SuS erkennen, dass die Migration in die VAE zwei Seiten wiederspiegelt: Zum einen den Reichtum der vielen westlichen Arbeitern zugutekommt, zum anderen die schlechten Arbeitsbedingungen der Gastarbeiter und verstehen welche Schwierigkeiten beim Auswandern in die VAE entstehen können.

Voraussetzungen:
 - 10.Klasse
 - Gymnasium
 - Differenzierung nach Themen u. Schwierigkeit in der Erarbeitung
 - Differenzierung nach Lernstil in der Vertiefung

Phase	Inhalt	Medien	Sozialform	Zeit
Vorbereitung	SuS lesen als vorbereitende Hausaufgabe einen Text über die Entwicklungen in Dubai.	Text	EA	
Einstieg	Die SuS erkennen, dass es zwei verschiedene Menschengruppen (aus dem Westen/ aus Asien) gibt, welche in die VAE reisen, um dort zu arbeiten. Wie kann das Leben bei der Vielfalt aussehen?	Karte	UG	5min
Erarbeitung	Die SuS entscheiden sich für ein Thema und bearbeiten dieses in einer Gruppe von 3-4 Personen. 1. SuS verfassen einen Forumseintrag 2. SuS gestalten eine Mind-Map	Arbeitsblätter, Text der Hausaufgabe	GA	20min
Sicherung	Die Ergebnisse werden mithilfe des OHP und/oder Beamer vorgetragen.	OHP, Beamer	SV	10min
Vertiefung	Nachdem alle SuS nun beide Seiten der Arbeiter in Dubai kennengelernt haben, ist die Aufgabe den Gegensatz kreativ (jeder nach seinem Lernstil), mit einem Bild, einem Gedicht, einer Skizze, einem Dialog, einem Gesetzesentwurf etc... darzustellen. Dabei können sie Bewertungen, Unklarheiten, oder Handlungsvorschläge mit einbringen.	Je nach Aufgabenwahl unterschiedlich	EA	10min

Einträge mit blauer Schrift wurden nach der Präsentation im Seminar geändert.

3.   Didaktische Analyse

3.1   Didaktische Grundstruktur (exemplarisches Prinzip nach Ringel) und Lehrplanbezug

Die Stunde Arbeitsmigration – Vereinigte Arabische Emirate- ein Traumziel? ist ein Stunde in der Unterrichtsreihe Migration weltweit. Da die Arbeitsmigration somit auch ein exemplarisches Thema für die Migration weltweit darstellt, können nicht erst die Entwicklungen des Landes dargestellt werden. Dies ist der Grund dafür, dass den SuS als vorbereitende Hausaufgabe ein Text gegeben wird, in dem sie den derzeitigen Entwicklungs- und Wirtschaftsstand nachvollziehen können. Dieses Wissen dient als Grundlage für das Stundenthema, welches sich auf die unterschiedlichen Motivationen der Migration in die VAE bezieht. Die SuS sollen exemplarisch am Extrembeispiel Dubai lernen, welche Auswirkungen die Migration mit dem Ziel Geld zu verdienen, sowohl für die Menschen, als auch für das Herkunfts-und Zielland haben kann. Der Vorteil von Dubai stellt dar, dass zwei Arten der Migration gezeigt werden können. Zum einen ein Anwerben von Gastarbeitern, was auch auf Deutschland, Frankreich und teilweise auch auf die USA übertragen werden kann und zum andern die Einwanderung Hochqualifizierter Arbeitskräfte, welches Phänomen auch in Kanada, Australien und Neuseeland beobachtet werden kann. Den soziokulturellen Voraussetzungen wird damit entsprochen, dass sogar Menschen aus ihrem eigenen Umfeld sich die Frage der Auswanderung stellen könnten und somit ist die räumliche Streuung erreicht, dass Menschen aus gewohnter Umgebung ins Ausland, in andere Kulturkreise, andere Kontinente kommen und Kulturen vermischt werden. So gelangen die SuS durch Erfahrungsberichte, Bilder oder auch Diagramme auf die globale Ebene (RINSCHEDE, G. 2007[3]: 59)

Im neuen Fachlehrplan Erdkunde lässt sich das Thema in der Klasse 9/10 im Lernfeld III 3: ‚Migration und Verstädterung' einordnen. Das Lernfeld stellt folgende Leitfragen voran: „Warum verlassen Menschen ihre Heimat? , was zieht Menschen in Ballungsräume?, wie lassen sich dort menschenwürdige Lebensbedingungen schaffen?" Genau diese Fragstellungen werden in der Stunde behandelt, in dem die SuS den Zusammenhang von Migration und, hier, dem Emirat Dubai herstellen und die Lebensbedingungen von Menschen dort bewerten können. Im Mittelpunkt der Stunde steht die Raumwahrnehmung der SuS (RO5) (Kultusministerium 2015: 68)

3.2   Didaktische Analyse nach Klafki

Um den Gehalt es Inhalts der Unterrichtsstunde zu überprüfen werden die fünf didaktischen Grundfragen Klafkis angewendet: Die Exemplarität des Themas wird wie oben schon genannt darin deutlich, dass die hier vorgefundene Arbeitsmigration auch in anderen Bereichen der Welt beobachtet werden kann (Europa-Australien (Thema 1) und Afrika –Europa (Thema 2). Die SuS sollen erkennen, dass eine Migration sowohl Vorteile als auch Nachteile mit sich bringen kann. Die Gegenwartsbedeutung ist ganz klar gegeben, da die SuS täglich in den Nachrichten Flüchtlingsfragen entgegen getragen bekommen und auch die Migration in die VAE immer wieder aktuell in den Medien zu verfolgen ist. An diesem Punkt wird auch die gute Zugänglichkeit des Themas deutlich. Es gibt viele Erfahrungsberichte in denen Betroffene von ihrer Situation berichten und auch in der Politik wird darüber beraten wie migrierenden Menschen unterstützt werden können. Gerade in Dubai gibt es zurzeit viele Arbeitsplätze und die Möglichkeit viel Geld zu verdienen. Vorhersagen zufolge wird dies auch noch einige Zeit andauern, doch es besteht in Zukunft immer die Gefahr einer Finanzkrise, die auch dieses Land was in Geld zu schwimmen scheint auf den Boden holen kann. Eine weitere Zukunftsbedeutung liegt darin, dass die SuS, die ja auf das Abitur zu steuern und wahrscheinlich auch studieren gehen werden, vielleicht auch mal vor die Entscheidung gestellt werde auszuwandern und dann beurteilen können, welche Herausforderungen auf sie zukommen und auf Kosten welcher Menschen sie den Luxus genießen können. Die Stunde ist so aufgebaut, dass jeweils eine Gruppe nur eine Sichtweise (Auswanderung aus dem Western/ Gastarbeiter aus Asien) erarbeitet und sich dann in der Sicherungsphase ihre Wahrnehmung des Landes noch einmal verändern kann. Um diesem Eindruck Ausdruck zu verleihen, haben die SuS dann in der Vertiefungsphase Möglichkeit ihre Eindrücke, Anregungen, Fragen unter Verwendung ihres Lernstils auszudrücken.

3.3   Lernziele nach Kompetenzen der Bildungsstandards

Das *Hauptbefähigungsziel* der Stunde ist, dass die SuS erkennen, dass die Migration in die VAE zwei Seiten wiederspiegelt: Zum einen den Reichtum der vielen westlichen Arbeitern zugutekommt, zum anderen die schlechten Arbeitsbedingungen der Gastarbeiter und verstehen welche Schwierigkeiten beim Auswandern in die VAE entstehen können.

Weitere *Teillernziele* (stundenchronologisch geordnet und Kompetenzen in Klammern, wie in den Bildungsstandards angegeben): die SuS sollen…

- die vergangenen und gegenwärtigen wirtschaftlichen Raumstrukturen in Dubai beschreiben und erklären können (F).

- die Bevölkerungsverteilung nach Herkunftsländern in den VAE erkennen und ein Problembewusstsein zu diesem Phänomen entwickeln können (F).

- nach der Besprechung der Karte die Lage Dubais und den VAE einordnen können (O).

- das funktionale und systemische Zusammenwirken der anthropogenen Faktoren in Dubai/VAE beschreiben und analysieren können (F).

- am Beispiel der VAE die Auswirkungen von Migration systematisch erklären können (F).

- das Emirat Dubai unter den Gesichtspunkten Tourismus versus Arbeitsplatz vergleichen können (F).

- problem-, sach und zielgemäß Informationen aus Texten, Bildern und Diagrammen auswählen können (M).

- die gewonnen Informationen in eine Mind-Map/ bzw. begründete Antwort umwandeln (M).

- die erarbeiteten Informationen unter Verwendung von Fachbegriffen den Mitschülern und Mitschülerinnen verständlich präsentieren können (K).

- die Arbeitsmigration im Hinblick ökonomischer Adäquanz, Gegenwarts- und Zukunftsbedeutung beurteilen können (B).

- sich für Migration auf lokaler, regionaler, nationaler und globaler Ebene interessieren (H).

3.4   Aufbau der Lernaufgabe

Mit Hilfe der Aufgabenstellungen soll die übergeordneten Fragestellung: „Welche Auswirkungen hat die Migration in die VAE?" beantwortet werden können. Das Ziel des Erdkundeunterrichts ist, nach der Erarbeitung eines soliden Fachwissens, die transparente und bewusste Urteilsfindung und Bewertung und zusätzlich fordert er zu begründetem Handeln auf (Kultusministerium 2015: 7). Aus diesem Grund wurden die Aufgaben so aufgebaut, dass sich die Schwierigkeit während der Erarbeitungsphase erhöht. (Anhang 4 u. 5) Zuerst sollen die SuS die bereitgestellten Texte lesen (AFB I). Anschließend sollen sie die Texte und Diagramme/Bilder im Hinblick auf ihr Thema analysieren, indem sie geeignete Informationen herausschreiben oder markieren (AFB II). Im letzten Schritt soll eine begründete Entscheidung für eine Handlung oder Oberbegriffe in der Mind-Map getroffen werden (AFBIII). Die letzte Aufgabe in der Vertiefungsphase ist wieder dem AFBII zuzuordnen, da keine neuen Inhalte mehr erarbeitet werden sollen.

3.5   Stellung der Stunde in der Unterrichtsreihe

Blickwinkel der Unterrichtsplanung	Stunden-thema 1	Stunden-thema 2	Stunden-thema 3	Stunden-thema 4	Stunden-thema 5
Funktion der Stunde innerhalb der Reihe	Migration weltweit – wo auf der Welt gibt es Migration?	Politische Migration-Syrien	Arbeitsmigration-Vereinigte Arabische Emirate	Religionsmigration – Israel/Palästina	Zusammenfassung/Test/Pufferstunde
Grundfragen: ⇨ **Was?**	Einführung von Migration - Abgrenzung von Begriffen - Globale Einordnung	Gründe, Wege Motivation der politischen Migration in Syrien.	Verschiedenen Motivationen der Arbeitsbewegung und deren Auswirkungen auf Länder und Menschen.	Gründe des Nahostkonflikt und Lage und aktuelle Lage im Nahen Osten.	Auswirkungen der Globalisierung im Hinblick der Migration
⇨ **Wie? / Womit?**	Kartenarbeit	Grafiken, Tafel	Erfahrungsberichte	Karten, Diagramme	Karte und Statistiken
Kompetenzen	O	F	F, B	F, M	B, O
Raumkonzept	Container	Container, Konstrukt	Konstrukt Wahrnehmung	Konstrukt	System

Die Entscheidung für die Themen in der Unterrichtsreihe Migration Weltweit gründet sich auf verschiedene Motivationen der Migration, hier politische , Arbeits- und Religionsmigration, die anhand von Beispielländern erarbeitet werden sollen. So bekommen die SuS einen Überblick warum Menschen auf der Welt ihren Heimatort verlassen oder verlassen müssen. Zum Beginn der Reihe soll anhand einer Weltkarte einen Überblick über Migrationsvorgänge geben werden und eine grobe räumliche Orientierung für die SuS. Zum Schluss soll die Reihe unter dem Stichwort Globalisierung zusammengefasst betrachtet werden und zwar inwiefern wir, aufgrund der immer stärkeren Globalisierung, Einfluss auf die Migration haben.

4.   Methodische Analyse

Da die Inhalte anhand von anschaulichen Einzelfallbeispielen und Erfahrungserlebnissen dargestellt werden, handelt es sich bei der Unterrichtsstunde um eine induktive Methode. Die SuS sollen nach der Analyse eine Ordnung bzw. Entscheidung treffen, welche mit Einschränkungen auf andere Länder übertragen werden kann. Eventuell kommt es dann in andern Zusammenhängen zu einer Kombination aus deduktivem und induktivem Verfahren, da die SuS Erkenntnisse der Arbeitsmigration anwenden können, aber diese, beispielsweise beim Anwenden auf Australien aufgrund anderer Gesetze im Land, modifizieren müssen (RINSCHEDE, G. 2007[3]: 236).

4.1   Einstieg

Der Einstieg kann kein informierender oder thematisierender mehr sein, da die SuS in der vorbereitenden Hausaufgabe (Anhang 1) schon Hintergrundinformationen in Form eines Zeitungsartikels zu Dubai bekommen haben und somit auch schon wissen worum es sich in der Stunde handeln wird. Die Karte (Anhang 2) stellt daher einen problematisierenden Einstieg da, weil die Darstellung der Bevölkerungsverteilung auf die SuS provokativ/überraschend wirken soll. Die Karte wurde ausgewählt, da sie ganz aktuell (Stand 2015) zeigt wie Ungleich die Verteilung von Einheimischen und Ausländern in den VAE ist und die SuS sich fragen sollen, warum so viele Menschen in die VAE kommen wollen und wie das Zusammenleben dort klappt. Die Problemstellungen sollen im Unterrichtsgespräch erarbeiten werden.

4.2   Erarbeitung

Die Erarbeitungsphase soll in Gruppenarbeit mit mindestens vier SuS pro Gruppe zu Thema 1 oder 2 (siehe Differenzierungsart) durchgeführt werden. Diese Sozialform wurde zum einen gewählt, damit sich die Materialien innerhalb der Gruppe aufgeteilt werden können. Bei der Aufteilung wurde darauf geachtet, dass jeder einen Text (Erfahrungsbericht) und Grafiken bzw. Bilder bekommt. Zum anderen ist es bei dem komplexen Thema der Arbeitsmigration wichtig, dass sich die SuS untereinander austauschen können, um so zu begründeten Ergebnissen zu kommen. In Einzelarbeit wären die Anforderungen zu hoch. Die Wahl der Materialien, besonders zum ersten Thema liegt darin begründet, dass verschiedene Lebensgeschichten von handelnden Menschen im Raum Ausgangspunkt von Lehr- und

Lernprozessen darstellen können. Es ist wichtig die verschiedenen Raumwahrnehmungen und -konstruktionen wahrzunehmen und zu bewerten (KULTUSMINISTERIUM 2015:4). Da viele Materialien aus Zeitungen oder andern Onlinequellen stammen ist darauf hinzuweisen, dass die Formulierungen im Original belassen wurde, was eventuell zu Wertungen führen kann. Dann ist es Aufgabe der SuS dies richtig zu beurteilen und einschätzen zu können. Zusätzlich sollen auch besonders beim zweiten Thema Gründe der Migration zu Oberbegriffen zugeordnet werden. Die Auswahl der Materialien liegt zudem darin begründet, dass es sehr wenige Statistiken zum Thema Arbeitsmigration nach Dubai gibt. Das Zusatzmaterial (Anhang 3) kann von beiden Themengruppen gesichtet werden und liegt vorne am Pult, oder wird an die Wand geworfen.

4.2.1 Differenzierungsarten

Ein besonderer Schwerpunkt der Methodik der Unterrichtsstunde liegt in der Binnendifferenzierung. Es ist wichtig auf die individuelle Bedürfnisse von SuS einzugehen um sie zu motivieren, ihre Stärken und Lerngewohnheiten zu fördern und sicher zu gehen, dass niemand über- bzw. unterfordert wird. Diese Unterrichtstunde differenziert qualitativ nach Themen und Schwierigkeitsgrade (REUSCHENBACH, M. 2010:6). Diese Entscheidung bringt einen Unterschied beim Zwischenergebnis mit sich. Allerdings ist es wichtig, dass allen zum Schluss das Grundwissen gegeben ist, was durch die Sicherung erreicht wird. Die Differenzierung gestaltet sich so, dass das erste Thema: Auswanderer aus dem Western nach Dubai, einen höheren Schwierigkeitsgrad hat als das zweite Thema, da die SuS nicht nur Vor- und Nachteile aus den Materialien herausschreiben sollen, sondern ihre Entscheidungen anhand der Kriterien begründen müssen. Die SuS können auf der Grundlage der Angabe des Themas und dem Schwierigkeitsgrad entscheiden womit sie sich beschäftigen wollen und dann ein Expertenwissen haben. Bei der zweiten Gruppe, die sich mit den Gastarbeitern aus Asien beschäftigt, ist der Schwierigkeitsgrad etwas einfacher, weil die SuS die Informationen aus den Materialien Oberbegriffen zuordnen sollen und diese dann in einer Mind-Map darstellen sollen. Bestärkt wird die Unterscheidung noch dadurch, dass Thema 1 etwas mehr Material zur Verfügung hat. Die Art der Materialien unterscheidet sich allerdings nicht.
Die zweite Differenzierung, die in dieser Stunde vorgenommen wird ist die Differenzierung durch die Art des Ergebnisses (REUSCHENBACH, M. 2010: 7) in der Vertiefungsphase. Hier sollen die SuS selbst wählen ob sie die Ergebnisse als Zeichnung, eine Bildcollage, eine Text oder Wirkungsgefüge darstellen wollen.

4.3 Sicherung

In der Sicherungsphase kommt jeweils eine Gruppe pro Thema nach vorne und stellt ihre Ergebnisse mit Hilfe eines OHP oder Beamer der Klasse vor. Die anderen Gruppen können ergänzen oder Fragen stellen. Die Sozialform ist der Schülervortrag, da es wichtig ist, dass SuS lernen ihr Wissen zu präsentieren und auch bei Unklarheiten Auskunft zu geben,

4.4 Vertiefung

Nach der Vorstellung der Ergebnisse beider Gruppen werden die SuS nochmal ein anderes Bild oder andere Sicht auf Dubai bekommen haben, welches bei ihrer Bearbeitung nicht im Vordergrund stand. Die Aufgabe in der Sicherung ist diese vielleicht gegensätzlichen oder auch gleichen Eindrücke zu verbinden und nach ihrem Lernziel darzustellen. Dieser Schritt findet in Einzelarbeit statt, da jeder eine andere Wahrnehmung auf den Raum entwickelt hat und auch alle SuS einen anderen Lernstil anwenden um das Wissen bestmöglich verarbeiten zu können.

5.   Reflexion

Am Ende der Unterrichtsplanung zum Thema Arbeitsmigration kann ich sagen, dass es ein sehr spannendes Thema ist, was meiner Meinung nach die SuS sehr mitziehen kann und sie sich auch im Anschluss noch damit beschäftigen werden oder sich zu mindestens daran erinnern können. Ich habe selbst vieles erfahren, was ich nicht wusste und überraschend fand. Leider kann im Verlauf der Unterrichtsreihe das Thema nicht in weiteren Stunden vertieft werden, weil nur ein Überblick über Migration auf der ganzen Welt gegeben werden soll. Wäre die Zeit gegeben, wäre es sinnvoll die Stunde auf zwei Stunden aufzuteilen und in jeder Stunde eine Sichtweise zu behandeln. Bei dieser Alternative könnten auch noch weitere wirtschaftliche Hintergrundinformationen mit eifließen. Zusätzlich könnten auch noch die Maßnahmen zum Schutz von Migration intensiver behandelt werden. Auf diese Weise könnte auch die Erarbeitung, die mit 20 min sehr lang ist umgangen werden.

Dank der Präsentation dieser Stunde im Verlauf des Fachdidaktik-Seminares konnte ich noch einige Veränderungen in der Planung vornehmen. Die Vertiefungsphase wurde nochmal überdacht, da ich vorher eine einfach Diskussion aus Fragen angedacht hatte. Hier ist die Gefahr, dass sich keine Fragen ergeben würden. Dann habe ich das Material innerhalb der Gruppen aufgeteilt, damit die SuS klare Anweisungen bekommen und die Aufteilung nicht zu viel Zeit innerhalb der Gruppe in Anspruch nimmt. Die Materialien wurden noch teilweise nach Relevanz geändert und eine weitere Grafik wurde eingefügt. Weiterhin habe ich die Bildunterschriften weggelassen, damit die Bilder wirklich von sich alleine sprechen können. Zur Vereinfachung für die SuS wurden die Aufgaben nach den Anforderungsbereichen gestuft und kleinschrittig formuliert.

6. Literaturverzeichnis

- AUSWÄRTIGES AMT (2015): Beziehungen zu Deutschland. Internet:
http://www.auswaertiges-
amt.de/DE/Aussenpolitik/Laender/Laenderinfos/VereinigteArabischeEmirate/Bilateral_node
.html (25.07.2015).

- DEUTSCHE GESELLSCHAFT FÜR GEOGRAPHIE e.V. (DGfG) (Hrsg.) (2010^6):
Bildungsstandards im Fach Geographie für den Mittleren Schulabschluss. Bonn.

- KULTUSMINISTERIUM RHEINLANDPFALZ (2015[Einreichfassung]): Fachlehrplan Erdkunde –
Sekundarstufe I. Grünstadt.

- MEYER, G. (2004): Internationale Arbeitsemigration in den Golfstaaten: da Problem der
getrennten Arbeitsmärkte für einheimische und Ausländer. In: MEYER, G. (Hrsg.) (2004):
Die Arabische Welt im Spiegel der Kulturgeographie. Mainz: 433-442.

- OPPEL, K. (2008): Große Gebäude, kleine Fettnäpfchen. Internet: http://www.manager-
magazin.de/unternehmen/karriere/a-586366-5.html (25.07.2015).

- RINSCHEDE, G. (2007^3): Geographiedidaktik. UTB 2324. Paderborn.

- REUSCHENBACH, M. (2010): Individualisierung im Geographieunterricht. In: Geographie
heute 31 (285): 2-9.

- THIEME, S. (2009): Dubai chalo! Oder Wer baut Dubai? In: Blum, E., Neitzke, P. (Hrsg.):
Dubai. Stadt aus dem Nichts. Gütersloh/Berlin: 188-201.

7.   Anhang

7.1   Materialien

<u>Anhang 1</u>

Vorbereitende Hausaufgabe

Fünf Jahre nach dem Absturz: Was wurde eigentlich aus Dubai?
Von Claus Hecking, Dubai

Crash, Boom, Bang im Wüstensand: Vor fünf Jahren stand Dubai am Rand des Bankrotts. Doch das Emirat schaffte die Wende. Jetzt wird wieder gebaut und gefeiert - so sehr, dass die Angst vor einer neuen Blase wächst.

[...]

Zum Autor

Claus Hecking ist freier Internationaler Korrespondent und Reporter für SPIEGEL ONLINE, die "Zeit", das Magazin "Capital" und andere Medien.

Bitte entnehmen Sie den Artikel direkt aus dem Internet, siehe folgender Link.

Quelle: http://www.spiegel.de/wirtschaft/dubai-rezession-ueberwunden-neuer-bauboom-a-988408.html (25.07.2015)

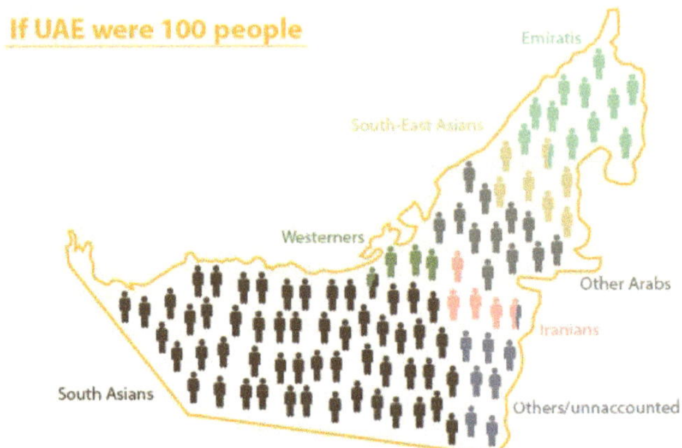

Quelle: http://www.bqdoha.com/2015/04/uae-population-by-nationalityMaterial (09.07.2015)

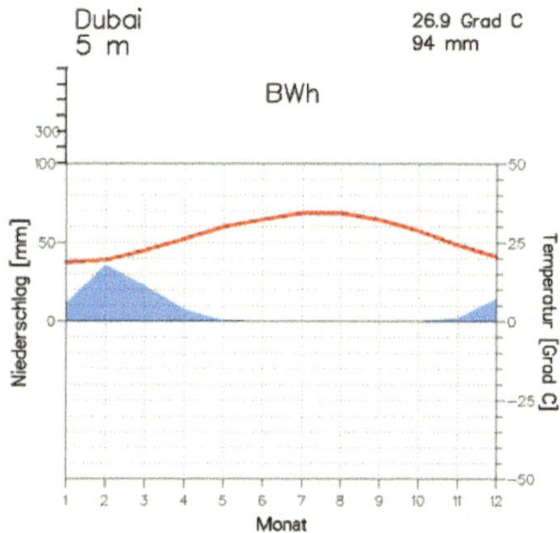

Quelle: http://www.klimadiagramme.de/Asien/Plots/dubai.gif (09.07.2015)

Das besondere Muster der Arbeitsmigration der GCC-Rentenökonomien: Bereits zu Beginn des Erdölzeitalters in den späten 1940er Jahren machten die arabischen Ölstaaten Erfahrungen mit Arbeitsmigration. Es handelt sich dabei also um kein neues Phänomen. Dennoch entwickelte sich das heutige, weltweit einzigartige Muster der Arbeitsmigration in diesen Ländern erst nach dem Ölboom im Oktober 1973: Die eigenen Staatsangehörigen wurden nicht nur rasch zu einer Minderheit innerhalb der Erwerbsbevölkerung der Golfstaaten (mit Ausnahme von Oman). In einigen GCC-Ländern stellen Ausländer auch eine Mehrheit an der Gesamtbevölkerung. In diesem Zusammenhang bemerken Fargues und Brouwer (2012, S. 213-232): "Die Abneigung der GCC-Regierungen den Ausdruck "Immigranten" zu verwenden und stattdessen von "ausländischen Arbeitern" oder "Expatriates" zu sprechen ermöglicht es, die GCC-Staaten als weltweit einmalig zu klassifizieren" (Übersetzung durch die Redaktion).

Quelle: http://www.bpb.de/gesellschaft/migration/laenderprofile/150739/moderne-internationale-arbeitsmigration(09.07.2015)

Anhang 4:

Thema 1: Aus dem Westen nach Dubai/ in die VAE

1. **Lest** die Materialien M1-M12 in eurer Gruppe. Teilt dazu die Materialien folgendermaßen auf: 2 Personen lesen M1-M4 u. M11-12. 2 Personen lesen M5-M10.
2. **Erarbeitet** die Vor- und Nachteile einer Auswanderung nach Dubai.
3. Überlegt im Hinblick eurer Analyse welche Antwort ihr dem Schreiber im Forum geben würdet und **begründet** eure Entscheidung.
4. Erstellt eine Skizze, ein Bild, ein Diagramm, ein Brief…(je nach Lernstil), indem eure Wahrnehmung der Auswirkungen von Migration in Dubai nach der Präsentation darstellt.
5.

M1

Frage im Forum: Soll ich nach Dubai ziehen oder zu gefährlich?

Hallo, ich hatte mich bei einer Firma in den Niederlassungen Miami, New York und Dubai beworben. Von New York und Miami habe ich direkt Absage erhalten.

Vom Dubai Office habe ich eine Einladung erhalten. Falls es klappen sollte, meint ihr, es ist sinnvoll dann nach Dubai zu ziehen oder sollte man doch lieber sicher in Deutschland bleiben? Ich meine, falls man arbeitslos oder sowas wird, ist man soweit weg von Mama und Papa und so.

Quelle: http://www.gutefrage.net/frage/soll-ich-nach-dubai-ziehen-oder-zu-gefaehrlich (09.07.2015).

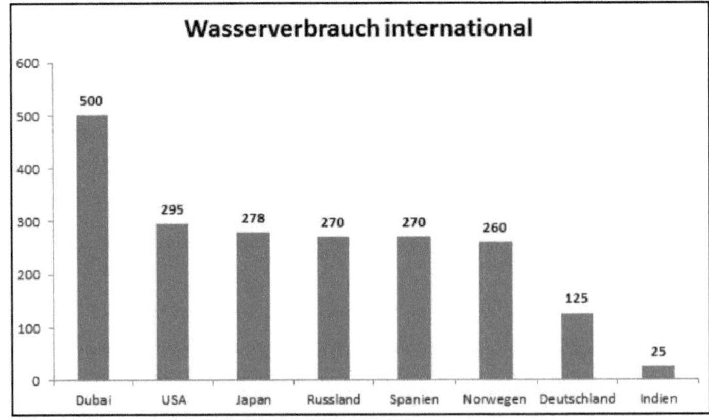

M2 Wasserverbrauch in Litern.

Quelle: http://nachhaltigkeit-und-umwelt.de/wasser-sparen-aber-richtig/ (26.07.2015).

M3

Die Freihandelszonen in Dubai wurden gegründet, um internationalen Handel und Investitionen anzukurbeln. 1985 wurde die Jebel Ali Free Zone (JAFZ) eingerichtet, deren Regulierungen und Anreize einen so grossen Erfolg brachten, dass das Modell in Dubai und in anderen Emiraten vielfach kopiert wurde. Die Dubai-Freihandelszonen sind Wirtschaftszonen mit allen Einrichtungen, Funktionen und Kommunikationsmitteln, um einen Betrieb einzurichten und Investoren anzulocken. Früher mussten alle Unternehmen zu 51 Prozent einem Staatsbürger der VAE gehören, in einer Freihandelszone ist aber auch ein ausländischer Besitz zu 100 Prozent zulässig. Darüber hinaus sind die Betriebe von Steuern und Zöllen sowie von Export- und Importgebühren befreit. Andere geschäftliche Vorteile bestehen im Wegfall von Beschränkungen für die Anstellung von Arbeitskräften. Für viele Unternehmen ist die Eröffnung eines Büros in einer der Freihandelszonen ein attraktives Angebot, vor allem weil Dubai ein wichtiges Wirtschaftszentrum ist und die Regeln des freien Markts, eine hochmoderne Infrastruktur, politische Stabilität, eine boomende Wirtschaft und Steuerfreiheit bietet.

Quelle: http://www.emirates.com/de/german/destinations_offers/discoverdubai/businessindubai/dubaifreezones.aspx (09.07.2015)

M4

Quelle: http://www.expat-news.com/wp-content/uploads/2015/03/VAE_Arbeitsgruende4.png (09.07.2015)

M5

Immer mehr einheimische Frauen sind in Dubai berufstätig und mancher Arbeitgeber hält sie für engagierter und verlässlicher als den durchschnittlichen männlichen Angestellten. Wenn Frauen von Auswanderern berufstätig werden möchten, müssen sie sich um einen eigenen Sponsor und eine eigene Arbeitserlaubnis kümmern. Arbeitgeber sind jedoch oft voreingenommen und weigern sich einer Frau eine Arbeitserlaubnis zu geben. Frauen wird oft angeboten illegal zu arbeiten. Auch wenn es sich dabei um kein Kapitalverbrechen handelt, kann es trotzdem dazu führen dass die Firma ein Bußgeld erhält und die Frau ihren Job verliert.

Quelle: https://www.justlanded.com/deutsch/Dubai/Landesfuehrer/Jobs/Frauen-im-Job (09.07.2015)

M6 Bekleidung

Frauen sollten besonders darauf achten, keine aufreizende Kleidung zu tragen. **Nicht blickdichte Stoffe, schulter- rücken- oder bauchfreie Teile, eng anliegende Kleidung, tiefe Ausschnitte, kurze Röcke oder Hot Pants gelten als anstößig.** Frauen werden, wenn allzu leicht bekleidet, als käuflich angesehen. Transvestiten sollten zudem wissen, dass dies in den VAE gesetzlich strafbar ist. Die Definition von Transvestit ist dabei breiter gefächert als in Europa. Für Infos sucht einfach im Suchfeld oben rechts nach „Transvestit" um entsprechende Artikel zu finden. **Männer sollten keine schulterfreien T-Shirts tragen und keine Hosen, die nicht mindestens die Knie bedecken.** Kurze Hosen werden im hiesigen Kulturkreis nur als Unterhose oder Badehose getragen! **In Dubai haben inzwischen alle Einkaufszentren einen Dresscode eingeführt. Wer zuviel Haut zeigt, wird nicht zugelassen**

Quelle: http://www.hallodubai.com/benimmregeln.html. (09.07.2015).

Das *Kafala*-System und seine Bedeutung für die Arbeitsmigration in den GCC-Staaten

Das *Kafala*- bzw. Bürgschaftssystem bildet die rechtliche Grundlage für den Aufenthalt und die Beschäftigung von Arbeitsmigranten und den sie begleitenden Familienangehörigen in den GCC-Staaten. Diesem System zufolge ist jede/r Arbeitsmigrant/-in an einen spezifischen Arbeitgeber (*kafil*) gebunden, der für die Beschaffung des Arbeitsvisums verantwortlich ist, den Migranten oder die Migrantin während seines/ihres Aufenthalts überwacht und sogar die Ausreise nach Auslaufen des Arbeitsvertrags bewilligt.[13] Im öffentlichen Sektor übernimmt die jeweilige staatliche Einrichtung, die den ausländischen Arbeitnehmer beschäftigen möchte, die Rolle des *kafils*. Zieht der *kafil* seine Rolle als Bürge zurück, so entfällt die legale Basis für den Aufenthalt des Arbeitsmigranten/der Arbeitsmigrantin und er/sie muss umgehend in sein/ihr Heimatland zurückkehren. Folglich sind Arbeitsmigranten vertraglich an ihre Arbeitgeber gebunden (Baldwin-Edwards 2011, S. 37; Ruhs 2009, S. 19; Shah 2009, S. 7). Die Rechte der ausländischen Arbeitnehmerinnen und Arbeitnehmer hängen maßgeblich von zwei Elementen ab: Erstens von ihren beruflichen Fähigkeiten und den Möglichkeiten des Arbeitgebers, einen adäquaten Ersatz für den ausländischen Arbeitnehmer bzw. die Arbeitnehmerin zu finden, ihn bzw. sie also auszutauschen. Zweitens bestimmt auch die Nationalität des Arbeitsmigranten über seine Rechtslage. Fachkräfte aus westlichen Industriestaaten, die als Ingenieure oder Führungskräfte in großen Unternehmen arbeiten, genießen umfassende Rechte und laufen nicht Gefahr, ausgebeutet oder unterdrückt zu werden. Anders sieht die Situation asiatischer Frauen aus, die als Hausangestellte beschäftigt werden. Sie zählen zur Gruppe der weitgehend rechtlosen Arbeitsmigranten. Sie erhalten nicht nur extrem niedrige Gehälter von $100-$200 im Monat, sondern werden häufig auch von ihren Arbeitgebern ausgebeutet und misshandelt. Einige Botschaften von Ländern, aus denen viele Hausangestellte stammen, unterhalten sogar Schutzhäuser für eigene Staatsangehörige, die vor ihren Arbeitgebern fliehen, weil diese die Löhne nicht auszahlen oder ihre Angestellten körperlich misshandeln (U.S. Department of State 2008, S. 2152). Die rechtlosen Angestellten können ihren Arbeitsplatz ohne die Erlaubnis des Arbeitgebers nicht wechseln und sind in ihrer physischen Mobilität eingeschränkt, ihnen stehen in vielen Fällen nur inadäquate Wohnbedingungen und eine unzureichende Gesundheitsversorgung zur Verfügung. Oftmals behält der *kafil* den Pass seiner ausländischen Angestellten ein, damit diese nicht davonlaufen können (Okruhlik 2011, S. 127; HRW 2011). Ursprünglich sollte das *Kafala*-System dazu dienen, in Zeiten wirtschaftlicher Prosperität schnell ausländische Arbeitnehmer rekrutieren zu können und sie im Falle einer Rezession ebenso schnell wieder in ihre Heimatländer zurückzuschicken. Viele Arbeitsmigranten verbleiben jedoch über lange Jahre in den GCC-Staaten.

Quelle gekürzt nach Relevanz: http://www.bpb.de/gesellschaft/migration/150757/arbeitsmaerkte. (25.07.2015)

M8

Bettina Bartzen am 02.07.2004

Drei Tage Shoppen, drei Tage Strand und drei Tage Wüste - so lautet das Standard-Programm eines klassischen Dubai-Trips. Doch es gibt noch andere Gründe, die Menschen aus aller Welt in diese arabische Schweiz locken. In der Jugendherberge in Dubai wohnen nicht nur nur durchreisende Touristen aus Indien, Thailand und Australien, sondern auch internationale Arbeitslose auf der Suche nach ihrem Glück. Darunter sind mittlerweile auch Deutsche zu finden. Ralf, ein Koch aus Köln, bewirbt sich im Burj al Arab, einem sieben Sterne-Hotel das sich wie ein Segel mitten im Meer bläht. Alle Sehnsüchte nach paradiesischem Reichtum verfangen sich hier wie der Wind und lösen sich, wie der Wind, im Nichts wieder auf. Auch ich habe meine Koffer gepackt, um mich in Mediacity als Grafikdesignerin zu bewerben. Bald sind wir im der Jugendherberge eine eingeschworene Arbeitslosengemeinschaft und erzählen uns abends am Pool von Erfolgen und Fehlschlägen. Gabriela aus Ungarn hatte schon seit Monaten die Idee, in Dubai für Emirate Airlines zu arbeiten. Ihr Tagesablauf besteht aus Warten, doch sie will diesen Job oder keinen. Das unterscheidet die Europäer von den Ägyptern, die nicht so wählerisch sein können. Sie würden jeden Job nehmen, egal wie der Vertrag aussieht.

Mein Vorstellungsgespräch in Mediacity beginnt in zwei Stunden. Pakistanis, Inder, Asiaten, Afghanen, erkennbar jeweils an ihrer Kleidung, steigen in den Bus. Keiner scheint sich genau auszukennen. Dank Geschlechtertrennung bekomme ich immer einen Sitzplatz: die vorderen Reihen im Bus sind für Ladies reserviert, Männer müssen aufstehen. In Mediacity Building, "2 floor 3", erwartet mich Craig aus New Castle/England. Sein Arbeitgeber baut gerade eine Agentur in Dubai auf. Freihandelszone, Steuerparadies und eine unproblematische Arbeitserlaubnis ziehen viele ausländische Firmen an. "Great! Your portfolio is really great!" Einen Job bietet er mir nicht an.

Abends verwandelt sich der Lulu-Hypermarket in einen einzigen Kindergarten. Ganze Familien schieben sich mit riesigen Einkaufswagen durch die breiten Gänge. Schwarzverschleierte einheimische Frauen suchen nach dem richtigen Make-up oder stehen Schlange an der Fleischtheke. Die weißgekleideten Ehemänner schieben die Einkaufswagen. Normalerweise zeigt das Straßenbild nur wenige *Locals* (einheimische Emiratis), sie vermischen sich selten mit den übrigen 80 Prozent Ausländern der Stadt, ihre weißen Gewänder (der Männer) die schwarz wehenden Abbayas (der Frauen) sind markante Punkte im sonst bunten Durcheinander. Alle Gruppen bleiben überwiegend unter sich: Pakistanis, Inder, Asiaten. In Dubai herrscht eine eigener Rassismus und die Hierarchie der Weltordnung spiegelt sich darin. Inder und Pakistanis arbeiten fast für nichts und den Arabern kann man nicht trauen. Europäer gehören in der Regel zu den besser Verdienenden und trinken Alkohol.

Im Al Mamzarpark wird auf grünem englischen Rasen gegrillt, Fußball gespielt, manche Familien stellen Zelte auf. Am Strand lassen islamische Frauen ihre Kleider von türkisfarbenen Wellen umspülen, andere liegen im Bikini unter schattigen Palmen im weißen Sand. Ein *Local* in weißem Dischdaschagewand, Ali, lädt mich zum Kaffee ein und schenkt mir ein Kilogramm Datteln. Er arbeitet im Arbeitsministerium in Ajman, einem weitereen Emirat. "Wir haben trotz 6 Millionen Ausländer und 600.000 Emiratis alles unter Kontrolle", sagt er, "die Emirate sind sehr sicher." Die Arbeitsmaschine funktioniert gut. Keine Rechte für die Ausländer, wer keine Arbeit hat, fliegt raus, wer über 60 ist, muss das Land verlassen. Viele Menschen arbeiten drei Jahre um Geld zu verdienen und gehen dann in ihr Heimatland zurück.

Am 12. Tag habe ich ein Interview bei 13th studios in der 10. Etage eines Hochhauses mit Blick auf den Flughafen. Immer wieder fragen wir uns abends am Pool: Werden wir tatsächlich hier arbeiten? Welche Freizeitwerte existieren hier? In die Wüste fahren, wunderbare Fruchtsäfte trinken, am Strand liegen und auf die türkisfarbenen Wellen schauen. Abends Freunde in die Wohnung einladen und Alkohol trinken, manchmal auch in die Disco gehen. In einer Grafikagentur mit einem deutschen Großkunden haben ich als Deutsche gute Chancen. Ich bekomme den Job. Ich lasse den Arbeitsvertrag von einem deutschen Anwalt überprüfen. Es gibt Schwierigkeiten. Werden sie den Vertrag ändern? Ein Ägypter hätte schon längst den dritten Arbeitstag hinter sich.

Quelle: https://www.freitag.de/autoren/der-freitag/verhullt-in-goldenem-staub. (09.07.2015).

M9

Goldenes Dubai: Ein Sandsturm taucht die Stadt in eine gespenstische Atmosphäre

Bild aus urheberrechtlichen Gründen entfernt. Siehe bitte direkt hier:

https://f3.blick.ch/img/incoming/origs3623981/7870148193-w980-h653/Sandsturm-in-Dubai.jpg

M 10

Marita Mitschein in den Arabischen Emiraten

Marita Mitschein kennt die Welt. Die Softwareentwicklerin war in der Türkei Finanzchefin einer Fluglinie, leitete zehn Jahre ein Softwarehaus in den USA und war danach als Personalberaterin und Projektmanagerin in Deutschland und China unterwegs. Seit 2010 arbeitet die Kölnerin in Dubai. Für SAP verantwortet sie neue Wachstumsbereiche im gesamten Nahen Osten und Nordafrika. "Meine beiden Töchter sind aus dem Haus. Eine ideale Lebensphase, um im Ausland beruflich noch mal durchzustarten", findet die 58-Jährige.

An Dubai fasziniert Marita Mitschein die kontrastreiche Mischung aus Orient und Okzident. "Hier treffen Vergangenheit und Zukunft aufeinander: Kamele neben unbemannten Zügen, iPads in Beduinenzelten. All diese Gegensätze befinden sich auf magische Weise im Einklang."

Als Frau lebt es sich sehr sicher in Dubai, dennoch ist Mitschein in der Managerwelt eine Exotin – noch. Viele junge Araberinnen aber haben im Westen studiert und sind sehr ehrgeizig. "Die mit Abstand besten Noten in den SAP-Berater-Prüfungen haben die saudischen Frauen", betont sie.

Marita Mitschein akzeptiert die Regeln der arabischen Kultur, auch wenn diese dem westlichen Meinungsbild widersprechen. "Schließlich bin ich Gast hier." Dabei gilt auch, ein korrektes Erscheinungsbild zu wahren. Westliche Frauen sollten Schultern und Knie bedeckt haben und Männern zur Begrüßung nicht von sich aus die Hand anbieten. Ein Nicken tue es auch.

"Ich kann nur jede westliche Managerin ermutigen, den Schritt ins arabische Ausland zu wagen. Hier herrscht überall Aufbruchstimmung", schwärmt sie. Die Begeisterung hat auch eine ihrer Töchter angesteckt: Sie denkt darüber nach, sich ebenfalls in Dubai beruflich niederzulassen.

Quelle:http://www.karriere.de/karriere/frauen-in-der-ferne-167556/5/. (09.07.2015)

M 11

Interview mit einem Expat in Dubai

Während seiner sechs-jährigen Tätigkeit im Finanzbereich in der Schweiz, entstand bei Gérard Al-Fil der Gedanke umzuziehen und er wanderte 2004 nach Dubai aus.

Wie wurden Sie von Ihren Kollegen und Nachbarn in Dubai aufgenommen?

„Kollegen habe ich, streng genommen, keine, dafür mehr Kunden und Geschäftspartner, weil ich selbständiger Unternehmer bin. Als Deutscher wird man von den einheimischen Arabern gut aufgenommen, aber nur, wenn man sich vorab über die lokale Kultur informiert und deren Sitten und Gebräuche respektiert. Nach meiner Erfahrung baut man sich ein soziales Umfeld rasch auf, wenn man mit Schlips und Charme auftritt. Mein soziales Umfeld ist daher grenzenlos. Wenn ein Gérard Al-Fil ausgeht, dann sitzt die Welt an einem Tisch: Araber, Chinesen, Iraner, Amerikaner, Schweizer,…"

Was fasziniert Sie am Leben und Arbeiten in Dubai?

„Die Wahrnehmung, den Aufstieg einer Weltmetropole hautnah mitzuerleben und mitgestalten zu dürfen entschädigt für die stressige „Rund-um-die-Uhr"-Arbeitsmentalität. Auch die politische Stabilität ist ein Vorzug von Dubai: Aufstände und Unruhen gab es in den Emiraten während des sogenannten „Arabischen Frühlings" nicht. Außerdem faszinieren meine Frau und mich das, was noch kommen wird: der in Bau befindliche Flughafen Al-Maktoum, der mit 150 Millionen Passagieren pro

23

Jahr wohl der größte der Welt sein wird; der stete Zufluss neuer Menschen, internationaler Firmen und neuer Ideen. Denn in Dubai herrscht eine Kultur der Offenheit. Und nicht zuletzt fasziniert uns natürlich der Strand und das Meer!"

Worin liegen für Sie die größten Unterschiede zwischen Dubai und ihrem Heimatland?

„Die größten Unterschiede liegen eindeutig in der Auffassung von Geschäft, Erfolg und Risiko. In Deutschland sind diese drei Begriffe negativ besetzt, in Dubai dagegen sind sie der „way of life". Denn hier dominiert eine Macher-Kultur."

Haben Männer es leichter sich in Dubai zu integrieren als Frauen?

„Die Fähigkeit, sich im Ausland zu integrieren hängt mehr mit dem Charakter einer Person zusammen und weniger mit deren Geschlecht. Ich konnte allerdings beobachten, dass europäische „Emanzen", die über alles und jeden die Nase rümpfen, in Dubai ihre liebe Mühe haben, Anschluss zu finden. Fakt ist allerdings, dass der Frauenanteil in der Arbeitswelt stetig zunimmt. In den Branchen Medien, Gastronomie und Handel sind Frauen sogar auf dem Weg, die Oberhand zu gewinnen."

Inwiefern beeinflusst der Islam das alltägliche Leben der modernen Großstadt Dubai?

„In Dubai wird jeder auf Schritt und Tritt daran erinnert, dass die Stadt im Orient liegt – auch wenn sie New York immer mehr ähnelt. Manager brechen Besprechungen ab und eilen zum Gebet; westliche Männer sind irritiert, wenn die Arbeitskollegin die Einladung zum Mittagessen ablehnt – weil es im Islam unüblich ist, dass sich Männlein und Weiblein zum Techtelmechtel treffen;… die Liste der Unterschiede ist endlos! Christen können ihren Glauben übrigens frei ausüben, dürfen aber nicht aktiv missionieren. Die 60 Kirchen in den VAE zeugen einmal mehr von der liberalen Haltung, die in dem Golfstaat vorherrscht. Insgesamt nimmt aber die Islamisierung stetig zu. Das ist schon an den immer strengeren Bekleidungsregeln in den Hotels und in den Einkaufspalästen zu sehen. Auch werden der Fastenmonat Ramadan und die islamischen Speiseregeln (Stichwort: Halal-Mahlzeiten) sehr ernst genommen."

Worauf sollten Auswanderer Ihrer Erfahrung nach achten, wenn Sie in Dubai leben wollen?

„Erstens: Nicht so schnell aufgeben. In Dubai muss man dreimal scheitern, bevor der Erfolg kommt. Das betrifft sowohl das berufliche als auch das private Umfeld.
Zweitens ist es wichtig zu wissen, dass die „Go-go-Jahre" vorbei sind. Bis zum Ausbruch der Krise 2008 bestand man in Dubai mit einer guten Idee, Vitamin B und Motivation. In den nächsten zehn Jahren besteht man hier nur mit Zähigkeit und Ausdauer.
Drittens: Kein Tag gleicht dem anderen. Legen Sie sich ein dickes Fell für Überraschungen zu. In Dubai leben Menschen aus 200 Nationen. Da muss man sich immer wieder von einigen Klischees trennen."

Welche 3 Gründe sprechen für Sie dafür, Dubai als Auswanderer-Ziel zu empfehlen?
a) Die über 20 Freihandelszonen mit ihren endlosen Arbeitsmöglichkeiten.
b) Die Vision und Umsetzung der politischen Führung, Dubai in eine Weltstadt zu verwandeln.
c) Der ganzjährige Sommer."

Quelle: http://auswandern-info.com/dubai/erfahrungen.html. (09.07.2015).

M 12

Dubai gilt als Land, wo es wenig bis keine Steuern gibt. Bisher wurde auf den Arbeitslohn auch keine Einkommenssteuer erhoben. Das Finanzministerium hat nun bestätigt, dass dies auch zukünftig nicht geplant ist.

Quelle: http://www.dubainews.de/finanzminister-bestaetigt-keine-plaene-einkommenssteuer/. (09.07.2015).

<u>**Anhang 5:**</u>

<u>**Thema 2: Als Gastarbeiter in Dubai**</u>

1. **Lest** die Materialine M1- M8 in eurer Gruppe. Teilt dazu die Materialen folgendermaßen auf: 2 Personen lesen M1-M4, 2 Personen lesen M5-M8.
2. **Analysiert** die Materialen und arbeitet die Fakten und Auswirkungen zur Arbeitsmigration heraus.
3. Entwerft eine Mind-Map anhand eurer Ergebnisse eine Mind-Map mit sinnvoll gewählten Oberbegriffen, sodass ihr eure Entscheidungen bei der Präsentation **begründen** könnt. (Gründe, Wege, Gewinner, Verlierer?)
4. Erstellt eine Skizze, ein Bild, ein Diagramm, ein Brief…(je nach Lernstil), indem eure Wahrnehmung der Auswirkungen von Migration in Dubai nach der Präsentation darstellt.

M1

Bilder aus urheberrechtlichen Gründen entfernt.

Siehe bitte direkt unter den unten stehenden Links:

Quelle: http://www.sueddeutsche.de/wirtschaft/gastarbeiter-in-dubai-malochen-fuer-den-scheich-1.1727664-3. (09.07.2015)

Quelle: http://www.sueddeutsche.de/wirtschaft/gastarbeiter-in-dubai-malochen-fuer-den-scheich-1.1727664-10. (09.07.2015)

M2

Vor allem Indien, Pakistan, Sri Lanka, Nepal und Bangladesh profitierten davon. Laut Weltbank ist Indien der größte Empfänger von Auslandsüberweisungen. 2006 sollen es 27 Milliarden Dollar gewesen sein. In dieser Summe sind bloß die Überweisungen über das offizielle Banksystem erfasst. Hinzu kommen noch die Summen, die über das halblegale Hawala-Geldtransfersystem abgewickelt werden. Dafür hat sich der schmächtige Khaled, wie die meisten seiner Kollegen, zunächst so hoch verschuldet, dass er ein bis zwei Jahre arbeiten muss, um alles abzustottern. Der Flug nach Dubai, Visum, ein Gesundheitstest sowie „etwas Schmiergeld" für die Arbeitsvermittlung habe er zahlen müssen – alles zusammen rund 1 500 Dollar habe er hinblättern müssen, bevor er seinen Job in Dubai antrat. Das Geld hat er sich bei Verwandten und Freunden geliehen. Inzwischen sei auch das Gesetz zugunsten der Arbeiter verbessert worden, sagt Rechtsanwalt Mohammed al Roken, der in Dubai Menschenrechtsverletzungen nachgeht. Die Regierung kontrolliere jetzt, ob die Arbeiter auf den Baustellen Wasser bekommen, ob ihnen der Lohn ausbezahlt werde. Das Gesetz helfe den Arbeitern allerdings nur beschränkt, gibt al Roken zu, „weil die Texte nur in Arabisch und Englisch abgefasst sind". Viele der Gastarbeiter, die aus Pakistan, Bangladesch oder Indonesien kommen, kennen daher ihre Rechte gar nicht so genau.

Quelle: http://www.handelsblatt.com/politik/international/gastarbeiter-ganz-unten-in-dubai/2936046.html. (09.07.2015).

The work wasn't what I expected it to be. It was totally different. I would wake up to start cooking, then cleaning, washing clothes, and then cooking again. No rest, there was just no rest… Because she kept yelling, I cried and asked to go back to agency, but madam said "I already bought you"…

—Farah S., a 23-year-old Indonesian domestic worker, Dubai, December 7, 2013

No one explained the terms of the contract. I didn't even read the contract and they made me sign it.

—Sandra S., a Filipina domestic worker, Abu Dhabi, November 26, 2013

Quelle: https://www.hrw.org/report/2014/10/22/i-already-bought-you/abuse-and-exploitation-female-migrant-domestic-workers-united. (09.07.2015).

„Niemand interessiert, ob wir sterben oder getötet werden. Unser Leben ist nichts wert", sagt eine Nepalesin, die als Hausmädchen in Dubai war. Frauen sind noch schutzloser, weil sie in privaten Haushalten arbeiten. Immer wieder liest man Horrorgeschichten von Frauen, die mit heißen Eisen gebrandmarkt, mit kochendem Wasser übergossen oder vergewaltigt wurden. „Man behandelt uns wie Vieh. Vieh ist vermutlich kostbarer als wir."

http://www.tagesspiegel.de/politik/fussballweltmeisterschaft-katar-leichte-beute/8890678.html. (09.07.2015).

M4   Das Elend der Gastarbeiter von Dubai

Von Katharina Nickoleit

Sie leben zu 20 Menschen in einem Raum, unter katastrophalen Bedingungen. Auf dem Bau ist es zum Teil lebensgefährlich für sie. Auf internationalen Druck hin hat der Staat am Golf jetzt Mindeststandards festgelegt - Kontrollen: Fehlanzeige.

Seit Jahren steht das Emirat wegen der Ausbeutung asiatischer Arbeiter in der Kritik. Allein im Jahr 2004 sollen nach Angaben von Human Rights Watch 880 Arbeiter auf den Baustellen der Stadt durch Unfälle ums Leben gekommen sein. Tariflöhne gibt es nicht, die Arbeiter können oft froh sein, wenn die Löhne überhaupt bezahlt werden.

Es entspricht einem einfachen Muster: Immer dann, wenn die Kritik unüberhörbar wird, gibt es quasi über Nacht neue Regelungen. Inwieweit die allerdings kontrolliert werden, ist strittig. Zum Beispiel zogen 2005 Arbeiter in der ersten Großdemonstration des Landes überhaupt durch die Straßen, weil Löhne nicht bezahlt wurden. Seither steht an den Bussen, mit denen sie zu den Baustellen gefahren werden, in großen Lettern die gebührenfreie Nummer der Telefonhotline, bei der sie sich beschweren können. Ist die Beschwerde begründet, droht dem Unternehmer theoretisch der Lizenzverlust. Laut Nicholas McGeehan, Gründer der Hilfsorganisation Mafiwasta, ist das allerdings noch nie eingetreten.

Dass sich mit verschärften Gesetzen grundlegend etwas ändert, bezweifelt auch Maithripala aus Sri Lanka, der in einer Fabrik arbeitet. "Es passiert nur sehr wenig. Es gibt zwar Gesetze, aber viele Unternehmen ignorieren sie einfach." Die Löhne sind niedrig, etwa 175 Dollar im Monat etwa auf dem Bau. Das ist aber mehr als in Sri Lanka.

Den Lohn nehmen die Einheimischen als Argument dafür, die Beschwerden herunterzuspielen. "Die Arbeiter haben viel davon, dass sie hier bei uns arbeiten dürfen", sagt Albanna

Quelle: http://www.welt.de/wirtschaft/article1101931/Das-Elend-der-Gastarbeiter-von-Dubai.html. (09.07.2015).

M5

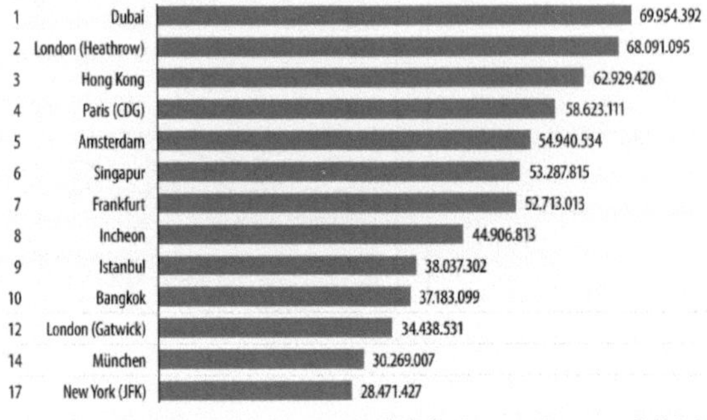

Quelle: http://www.faz.net/aktuell/wirtschaft/wirtschaft-in-zahlen/grafik-des-tages-dubai-zieht-an-heathrow-vorbei-13527230.html

M6

Quelle: http://diepresse.com/home/wirtschaft/finanzkrise/467485/Die-grosse-Heimkehr-der-Migranten?direct=538957&_vl_backlink=/home/wirtschaft/international/538957/index.do&selChannel=&from=articlemore. (09.07.2015).

M7

Indonesien will aus Protest gegen Misshandlungen und schlechte Arbeitsbedingungen eine Landsleute mehr in den Nahen Osten ziehen lassen.

http://www.focus.de/finanzen/news/wirtschaftsticker/zu-viel-missbrauch-indonesien-stoppt-gastarbeiter-fuer-nahost_id_4659949.html. (09.07.2015).

Mind –Map zu Gastarbeiter in Dubai

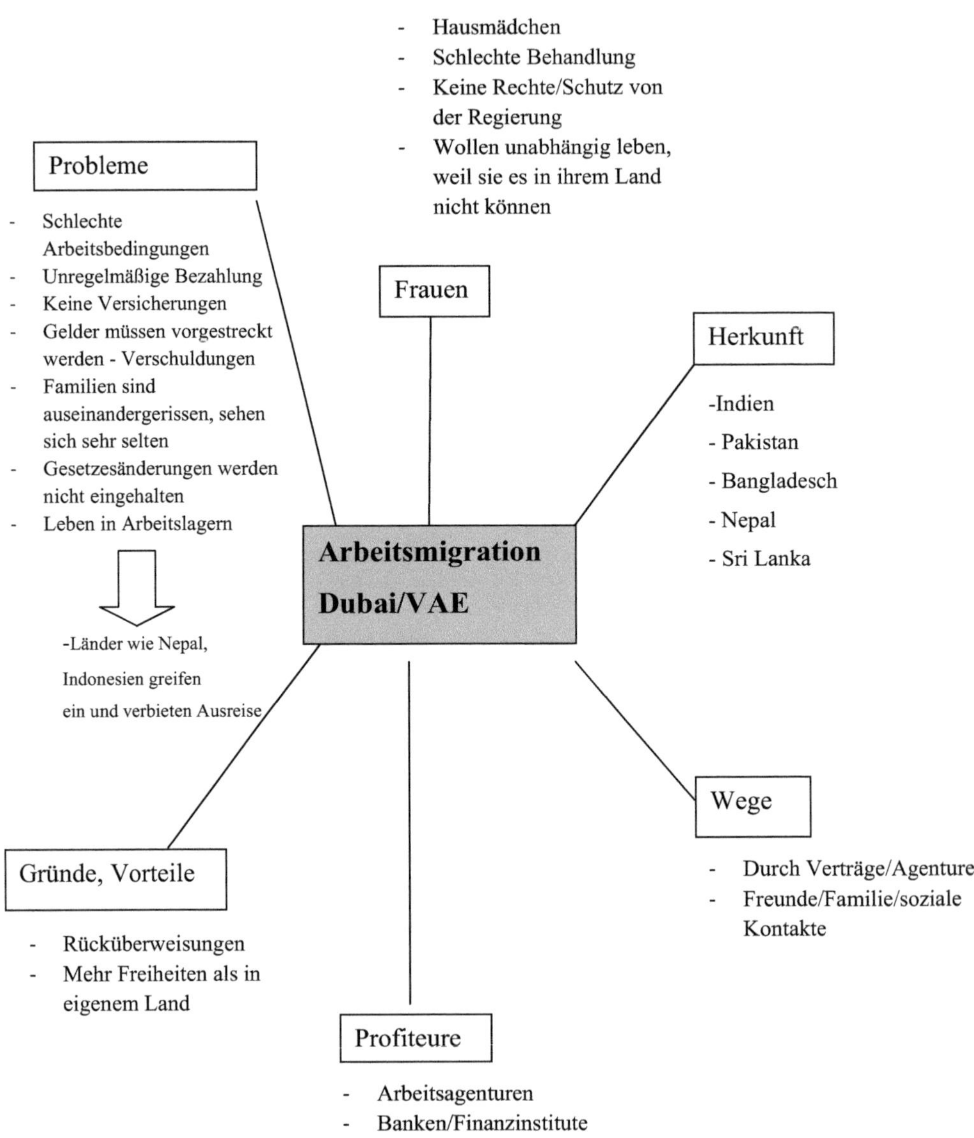

Tabelle zu westlichen Arbeiter in den VAE

Pro	Kontra
- Warmes Wetter, ganzjähriger Sommer - Chancen auf viel Geld - Attraktives Arbeitsumfeld - Freihandelszonen - Kennenlernen neuer Kulturen - Einkommensteuerfreiheit	- Bei Arbeitsverlust droht Ausweißung - Abhängig von Sponsor, es dein Freihandelszone - Klima-kann Staubstürme geben - Anpassung an Kultur - Trennung von Familie - Neue Sprache - Anfängliches Scheitern ist normal

⟹ Aufgrund der herausgefundenen Daten würden wir dir nur raten, nach Dubai zu gehen, wenn du bereit bist, dich auf eine neue Kultur und neue Verhaltensweisen einzulassen. Da diese Anpassung viel Anstrengung erfordert, ein völlig neues soziales Umfeld aufgebaut werden muss und die Stadt kein attraktiver Lebensort für Familien ist, würden wir zu einer negativen Entscheidung raten. Zwar hat die Stadt auch viele Vorteile, z.B. die Steuerfreiheit, aber wir denken, dass Geld nicht alles ist, was zu einem glückliches Leben führt. Zudem musst du auch mit damit leben können, dass du auf Kosten hohen Wasserverbrauchs lebst, was nicht zu Gunsten der Umwelt beiträgt.

BEI GRIN MACHT SICH IHR WISSEN BEZAHLT

- Wir veröffentlichen Ihre Hausarbeit, Bachelor- und Masterarbeit

- Ihr eigenes eBook und Buch - weltweit in allen wichtigen Shops

- Verdienen Sie an jedem Verkauf

Jetzt bei www.GRIN.com hochladen und kostenlos publizieren